沙永玲 / 主编　　郭嘉琪 / 著　　T-Bone / 绘

数学可以这样学 III

数学抱抱

电子工业出版社·

Publishing House of Electronics Industry

北京·BEIJING

陪孩子爱上数学

郭嘉琪

　　"喜欢听故事"是所有孩子的共同特点，但数学则不见得是每个孩子都喜欢的。我曾经也不怎么喜欢数学，因为从小对数学的印象就是大人们拿出一道又一道题目，我硬着头皮一题接着一题地解。冷冰冰的题目、枯燥的标准答案，有时真的让不少孩子望而却步。数学真的只能和聪明的孩子做朋友吗？我的经验告诉我：不是的！很多孩子不是不聪明，他们只是需要家长及老师用一种更有趣的方式向他们介绍数学。

　　我试着将故事和数学结合，以一种活泼生动的方式将数学教给我的学生。我先以"说故事"的方式向孩子们介绍数学（当然要挑选能引起孩子兴趣的故事），在说故事的过程中融入设计好的数学题目当伏笔，等故事说完后再提出与故事本身相关的数学问题。我发现这不仅能轻松地将数学带进来，而且孩子们也更愿意、更有兴趣解决这些数学问题，可以说是"皆大欢喜"。有时我也会邀请不同的家长来帮孩子讲这些设计好的故事，因为不同的人诠释出来的故事，也会产生不同的火花！讲完故事后，我就针对孩子们不懂的生字或词语加以解释，日积月累，孩子们的阅读能力、识字能力和理解力也都有很明显的进步，真的是语文和数学学习一举两得！这就是本书诞生的原因。

本书分为以下3部分。

★ 故事＋数学练习题：这一部分先提供故事，每则故事后都附上配合该单元数学能力目标的基本数学题目。学完本册，孩子将学会：时间的概念及计算、认识几何形体、活用重量单位、分数的概念及运算、认识统计图表，以及利用乘法、除法解题等。

★ 闯关寻宝Go Go Go：根据前面所讲解的数学知识设计的闯关游戏，让孩子综合所学的数学知识完成闯关，可以检验孩子的学习成果。

★ 高手过招，进阶挑战：此部分的数学题目难度较前两部分大、灵活一些，有些孩子可能需要家长或老师的协助才能完成。为避免孩子产生挫败感，建议家长或老师以鼓励的方式引导孩子完成，因为这些数学题目是在训练孩子们的思考和解析能力，应该鼓励孩子多动脑，从而抽丝剥茧，解开谜底，不要一味地要求孩子算出答案。

相信这本书能带给孩子的，不只是"故事"和"数学"。让我们一起牵着孩子们的手，去敲敲"故事"的门，拜访"数学"吧！

童话数学我最爱

郭嘉琪

"看童话，学数学"，你猜会有什么有趣的事情发生呢？

原来，故事是数学的家呢！数学常常躲在故事中，因此小朋友并不容易发现。但是，你知道吗？他们可是从很久很久以前就形影不离了：小男孩是如何识破旅馆主人的诡计，拿回自己的桌布的？老鼠为什么从此不和大胖猫做朋友？白雪公主为什么不想回家？3只小猪又是如何逃过大野狼的诡计，最后决定要永远住在一起的呢？

还有啊，"朝三暮四的傻猴子"又遇到了哪些有趣的事情？好多有趣的故事等着你来了解。故事里隐藏了各种数学题目，需要聪明的你与故事中的角色们一同来解决！

这本书共分为如下3个部分。

第一部分一共有6则故事，每个故事中都附有几道数学题目，若你可以轻松答题，就表示你已通过那些单元的数学能力测验了。

第二部分是"闯关寻宝Go Go Go"，此部分的每一关综合了前面故事中的数学题目，若你闯关成功，表示你已经通过了这本书所设计的数学能力考验。如果你觉得这些挑战都不难，那么第三部分的"高手过招，进阶挑战"就非常适合你。

第三部分的题目比起前面的题目要更灵活、更难一些，你可以借着完成这部分题目来证明自己是个大赢家！

你已经迫不及待地要去拜访"故事"和"数学"了吗？我们现在就出发，一起去敲敲"故事"的门，一同去拜访"数学"吧！

目录

三只小猪智斗大野狼

猪妈妈有三个可爱的儿子，一家人过着幸福快乐的生活。猪妈妈虽然很爱小猪们，但是为了训练他们独立生活的能力，有一天猪妈妈告诉三只小猪："你们都长大了，妈妈希望你们全都搬出去，盖一座像样的房子住。

从今天起，3个星期后我会去看你们，谁的房子盖得最用心，我就和谁住在一起。"

　　三只小猪都很爱妈妈，都想盖出稳固的好房子，让妈妈和自己住在一起。于是，三只小猪告别了妈妈，就出发了。哎呀！猪妈妈忘了告诫小猪们，千万要提防"奸诈的大野狼"啊！

　　猪大哥在路上走着，经过了一片稻田，于是他向田里的农夫要了一大捆稻草。猪大哥很快就用稻草盖了一

间小草屋。

猪二哥离开了妈妈以后，经过了一大片树林，他向林子里的樵夫要了一些木材。猪二哥花了很短的时间，就盖好了一间小木屋。

盖得最慢的是猪小弟，他先去图书馆查了有关"建筑"的资料后，才决定要盖一间砖造的屋子。猪小弟花了几天时间收集足够的砖块，又花了好几天时间才盖好了一间不错的屋子。

可是，这一切都让爱吃"烤乳猪"的大野狼知道了。

大野狼先来到了猪大哥的屋前，轻松地就将草屋吹散了。正在上厕所的猪大哥光着屁股，吓得赶紧逃到猪二哥家，急忙把门扣上。

大野狼一路追着猪大哥来到了猪二哥家，他撞了几下木屋，屋子就垮了。猪二哥正在洗头，他顾不得头上还顶着泡沫，就和光着屁股的猪大哥一起逃到了猪小弟家，并且用力地把门锁上。

大野狼当然又追来了，但是这次不论他怎么用力吹、用力撞，猪小弟的屋子就是一动也不动，依旧稳如泰山。诡计多端的大野狼改变了主意。

"很抱歉，弄坏了两位猪兄弟的屋子。为了表示我的歉意，我带你们去一个有很多地瓜的地方。"大野狼在门外喊道。

　　"好啊！那个好地方在哪儿呢？"猪大哥高兴地问。因为他好怀念以前妈妈每天早上为他们准备的地瓜粥。

　　"就在水牛伯伯的田里！明天早上6点钟我来带你

们去。"大野狼回答。

第二天一早，小猪们不到5点就起床了，还一起到水牛家挖了一大袋地瓜回来。不久，大野狼来了，他对三只小猪说："小猪们，已经6点了，要吃好地瓜，就要出发喽！"

猪大哥回答："野狼先生，怎么好意思麻烦您呢？我们已经去挖了一些地瓜回来，这些地瓜可真是又大又甜啊！"

大野狼一听，可气坏了。他对小猪们说："明天我再带你们去有很多苹果的地方，怎么样？"猪二哥一听，马上想到了妈妈每天下午为他们准备的苹果派，急忙说："好啊！在哪里呢？"

　　"就在猴子大哥的果园里。明天早上5点钟我会来接你们，你们可别再爽约啊！"大野狼不甘心地说道。

　　第二天，小猪们起了个大早，为了能在4点钟以前回到家，他们凌晨3点多就去摘苹果了。可是猴子大哥的家比较远，苹果树也不好爬，所以当小猪们要从树上下来时，大野狼已经站在树下了。

　　"你们怎么不等我，这么早就来了！"

　　"那是因为我们整夜都梦见香甜的苹果派，等不及天亮，就先来了。野狼大哥，真是抱歉。这里的苹果又香又甜又好吃，不信您尝尝看！"猪二哥说完，故意把一颗苹果扔得老远。趁着贪吃的大野狼去捡苹果时，三只小猪赶紧从树上跳下来，一溜烟儿地逃回家去了！

　　不久，不死心的大野狼又来了。他对着屋里的小猪们说："小猪们呀！今天下午在青青草原有一个黄昏市场，你们要不要去？"猪小弟想起明天就是妈妈要来探望他们的日子，得去买一些家具回来布置才行。

"好啊！您觉得几点钟去比较好呢？"猪小弟问道。

"下午4点好了。"大野狼说。

小猪们又像前两次一样，比约定的时间更早一些出发了。猪小弟一到市场，就买了一个大木桶，打算让妈妈泡个舒服的澡。当他们买好东西要回家时，大野狼正从对面朝他们走过来，三只小猪吓得不知道该怎么办才好！

忽然，猪小弟灵机一动，为何不躲进大木桶里呢？小猪们立刻钻进大木桶里，正巧他们在山坡上，所以木桶就骨碌碌地朝着大野狼滚过去了。接着，小猪们好像听到了大野狼的惨叫声，大野狼已经被轧扁了！从此以后，大家就再也没有看见过大野狼了！

　　猪妈妈对三只小猪能这样团结又勇敢地面对危险，感到很欣慰。经过了"大野狼事件"，三只小猪之间的感情变得更好了，他们决定永远都不分开，要永远住在一起呢！

① 如果三只小猪离开妈妈各自去盖房子的那天（也就是离开家的第一天）是8月4日星期五，请你帮忙将8月份的日期填写完整，再回答后面的问题。

8月份月历

星期日	星期一	星期二	星期三	星期四	星期五	星期六

（1）这个月有（   ）个星期一，有（   ）个星期四。第3个
　　　星期日是8月（   ）日。

（2）这个月的第一天是星期（   ），最后一天是星期
　　　（   ）。

（3）猪妈妈说，3个星期后要去看望小猪们（就是满3个星期
　　　后的隔天）。那么猪妈妈和小猪们约定好要碰面的那天
　　　是8月（   ）日星期（   ）。

❷ 大野狼和小猪们约好早上6点要去挖地瓜。当天，小猪们起
床的时间是 05：03 。请问：距离和大野狼约定的时间还
有多久？

3 约好早上5点钟要和大野狼去采摘苹果的那天，小猪们的起床时间如下图所示，请回答后面的问题。

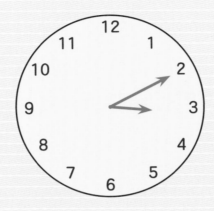

（1）小猪们起床的时间是几时几分？

（2）如果小猪们起床后，花了15分钟刷牙、洗脸和穿衣服。请问：小猪们出发时是几时几分？请你在时钟里画出来。

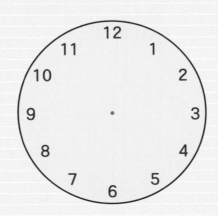

（3）猴子大哥的果园很远，小猪们走了23分钟才走到。请问：小猪们走到果园的时间是几时几分？

（4）小猪们到达果园后，过了20分钟，大野狼就出现了。请问：大野狼出现的时候是几时几分？

❹ 下面左边的时钟是小猪们到达黄昏市场的时间，右边是小猪们遇到大野狼的时间。请先写下钟面表示的时间，再回答这中间经过了多长时间。

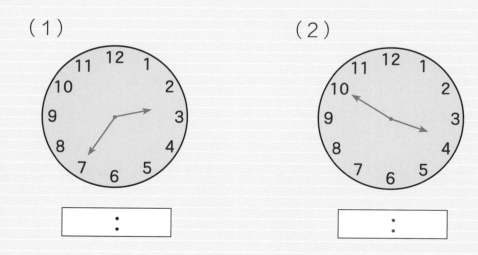

（1）

（2）

（3）答：经过了_____分钟。

三块神奇的桌布

　　从前，在一个村子里，住着一个小男孩和他的母亲。母子二人相依为命，生活异常艰辛。

　　有一天，小男孩对母亲说："亲爱的妈妈，我已经长大了，必须去学一技之长，不能总让您一个人辛苦挣钱。听说有个魔术师要招学徒，我决定去那里学习一阵子。"母亲虽然很舍不得他，但是也没有其他更好的方法。于是，小男孩出发了。

　　魔术师的家很远，走了整整一天，小男孩才好不容易到了魔术师的家。小男孩说明来意和自己家里的困境，表明自己非常需要这份工作。魔术师听了，觉得这个男孩既孝顺又肯上进，就留下他当学徒。

　　由于小男孩学习认真，几个月后，他就学会了所有的魔术，于是决定回家去探望母亲。临走之前，魔术师送给了小男孩一块桌布，并且告诉他："你只要对着

它说'大方的桌布，请我吃丰盛的菜肴吧'，它就会变出满桌的食物！"之后，小男孩便拿着奇妙的桌布，高兴地回家去了。

回家途中，太阳已经下山了，小男孩找了一家生意冷清的简陋旅馆准备过夜。小男孩把桌布拿出来，想试一下魔术师说的是不是真的。于是，他对着桌布说："大方的桌布，请我吃丰盛的菜肴吧！"刚说完，桌布上真的立刻摆满了丰盛的菜肴。小男孩高兴极了，但是这一幕却被旅馆的主人看到了。

"真是一块神奇的桌布啊，如果我能够拥有它，该有多好！"于是，旅馆主人趁着小男孩睡着之后，偷走了那块桌布，并且换上了一块样式相似的桌布。

第二天天一亮，不知情的小男孩拿着假桌布高兴地回家了。他对母亲说："妈妈，从今以后，我们不会再饿肚子了。"小男孩把整件事的经过告诉了妈妈，并对着桌布说："大方的桌布，请我吃丰盛的菜肴吧！"结果，这块桌布什么东西也没变出来。

"真奇怪，只能变一次吗？"小男孩好懊恼。

"我再去找一次魔术师！"于是，小男孩再次拜访了魔术师。小男孩见到魔术师，说："这种桌布只能变一次，还是还给您吧！"魔术师听了，又拿出一块不一样形状的桌布来，说："这块桌布应该不会有问题了！你只要对它说'慷慨的桌布，变出金币来吧'，它就会变出你需要的金币来。"于是，小男孩又带着这块神奇的桌布回家去了。

　　和上次一样，小男孩又来到同一家旅馆里准备过夜。他又试着对桌布说："慷慨的桌布，变出金币来吧！"果然，桌布上立刻就出现了一把金币。小男孩高兴极了，但这一幕又被旅馆的主人看到了。于是，旅馆主人和上次一样偷走了那块桌布，又换上了一块相似的假桌布。

　　第二天一早，小男孩回到家，高兴地告诉母亲："妈妈，从今以后，我们可以不愁吃穿了！"但是，不论他怎么喊，桌布还是一个金币都没变出来。

　　"怎么回事？魔术师不可能骗我呀！"纳闷的小男孩又来到了魔术师家，想再向魔术师问个究竟。

"没办法，我只剩下这个了。"魔术师说着，拿出了最后一块桌布。

"你只要对着它说'神勇的桌布，打倒他'，桌布就会卷起来，变成一根又硬又直的棍子，一直到你喊'不要打了！桌布先生'，它才会停止。"小男孩只好带着这最后一块桌布回家去了。中途，他又住在了同一家旅馆。

其实，小男孩打从上次开始，就已经怀疑这家旅馆的主人了。虽然旅馆主人换的假桌布和原来的神奇桌布很像，但还是有区别的。这一次，小男孩躺在床上，假装睡着。果真，不久之后，旅馆主人就悄悄地进入了房间。正当他伸手要换掉桌布时，小男孩大声喊道："神勇的桌布，打倒他！"桌布立刻卷成一根又长又硬的棍子，不停地向旅馆主人打去。旅馆主人吓得四处乱窜，但是棍子桌布还是紧追着他。"饶了我吧！我会把之前两块桌布都还给你的！""那好，不要打了！桌布先生。"这时，棍子桌布才停了下来。

"真的很抱歉，我这样做也是迫不得已的，旅馆的生意实在太差了，我和我的家人都快没办法过活了。"

说完，旅馆主人就大哭了起来。

小男孩听了，想了一个办法，他决定和旅馆主人合伙经营这家旅馆。他们用第一块神奇的桌布供应客人丰富的菜肴，用第二块神奇的桌布将旅馆大大地整修了一番，而第三块桌布则用来保护旅馆客人的安全。旅馆的生意越来越好了，甚至还成了镇上最有名的大饭店呢！

最后，小男孩把妈妈接过来一起住，他们和旅馆主人一家人过着幸福快乐的日子，并常常用这三块神奇的桌布帮助穷苦的人。

① 如果第一条桌布有3个边、3个角、3个顶点，请圈出可能是第一条桌布的图形。

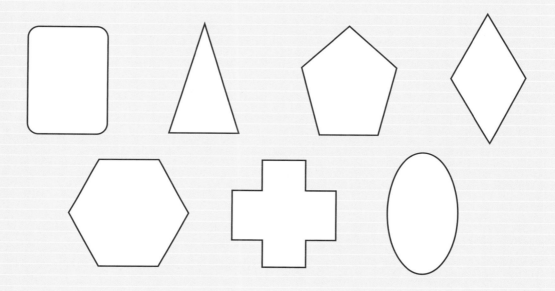

② 如果第二条桌布只有两个直角，请圈出可能是第二条桌布的图形。

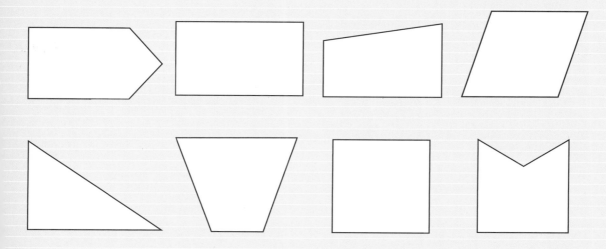

❸ 如果第三块桌布是四边形，请圈出可能是第三块桌布的图形。

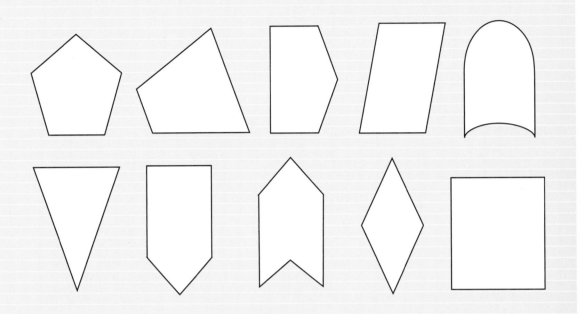

❹ 假设下面的左图是真正的神奇桌布，右图是旅馆主人换成的假桌布，相信聪明的你一定可以看出区别来。

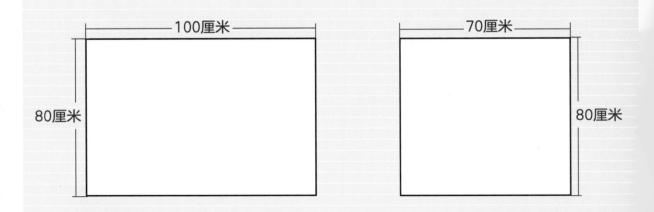

请问：真桌布的周长和假桌布的周长相差多少厘米呢？

5 下图是一块三角形的桌布，请根据下图回答下面的问题。

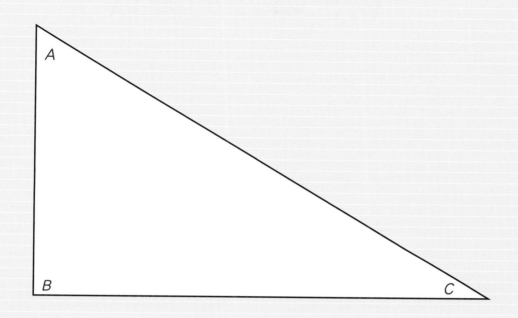

A、B、C三个角由大到小依次是：

（ 　　　 ）角最大，（ 　　　 ）角其次，

（ 　　　 ）角最小。

朝三暮四的傻猴子

从前，有个农夫，他在园子中养了几只猴子。猴子过得很快乐，因为农夫每天都会拿很多好吃的果子来喂它们。每当猴子看到农夫时，也会高兴地吱吱叫，并且做出很多滑稽的动作来讨农夫欢心，所以农夫非常疼爱他养在园子里的这群猴子。

可惜，好景不长。有一年，雨下得特别少，农夫的果园收成很不理想。农夫没有办法像以前一样每天给猴子那么多的果子吃了，他决定去和猴子们商量商量。

"我说猴子们呀，最近因为干旱收成不好，所以没办法给你们太多果子。能不能以后每天早上给你们3颗果子，傍晚时再给你们4颗？"猴子们一听以后可以吃到的果子要变少，都气得大吵大闹了起来。

农夫一看情况不妙，立刻改口说："别吵了，要不然以后早上给4颗，晚上给3颗，可以吗？"猴子们一听

早上的果子从3颗变成4颗，以为农夫给的果子变多了，都高兴地在树枝上荡来荡去，像荡秋千一样。你们说，这是不是一群傻猴子呢？

　　你知道吗？这个故事是有后续的。话说，干旱虽然过了，园里的收成又和以前一样多了，不过农夫不但没有给猴子和干旱以前一样多的果子，反而常常仗着猴子们搞不懂数量，偷偷地将要给猴子们的果子减少。一是因为经过上次的事件之后，农夫觉得猴子们太现实了；二是自从农夫的小儿子出生之后，农夫就不像以往那么疼爱这群猴子了。猴子们虽然知道农夫已经不像以前一样喜欢它们了（因为它们常常觉得吃不饱），但是也苦无证据，无法向农夫抗议。直到有一天，这群猴子学会了——看秤。

农夫的小儿子有一个小台秤，是他两岁时农夫送给他的礼物。农夫的小儿子把它当玩具，常常玩一玩就随手丢在园子里。猴子们闲来没事，就围过来研究起台秤来。猴子也算是聪明的动物，日子一久，它们有了新发现：放不同的东西在秤盘上，秤面上指针指的位置也会随着改变。而且经过好多次实验之后，它们更发现了一个事实：放的东西越重，指针转的幅度会越大！这真是一个重要的发现，因为它证明了农夫给它们的食物真的越来越少，而且几近虐待的程度。

　　猴子们原本要采取激烈的抗议行动，向"动物保护协会"申诉农夫的不当行为。但是经过开会讨论，猴子们念在农夫毕竟养过它们好一阵子，最后决定离开农夫的果园，靠它们自己的努力来过活！

　　下次若再有人告诉你们"朝三暮四的傻猴子"这则故事时，别忘了替他们补充后来的这一段，因为它们现在可是"自力更生的好猴子"呢！

① 下面3张图是猴子们3次观察的秤面变化，请你写出指针指的位置所表示的重量。

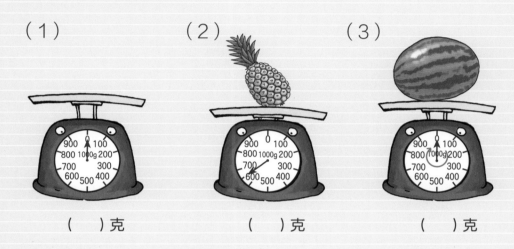

（1）

（2）

（3）

（　）克　　　　（　）克　　　　（　）克

② 猴子们在秤盘上放了4个梨，结果秤面显示如右图所示。如果每个梨的重量都一样，请回答下面的问题。

（1）秤面显示4个梨共（　）克，所以平均1个梨（　）克，3个梨共（　）克。

（2）农夫早上给猴子们3个梨，傍晚给4个梨，所以一天共给猴子们（　　）个梨，共（　　）克。

（3）如果早上给4个梨，傍晚给3个梨，那么一天共给（　　）个梨，共（　　）克。

（4）由此可知，（2）和（3）的结果谁重？（　　）

❸ 下图是农夫星期一、星期二和星期三连续3天依次给猴子的水果重量。如果以此类推，你可以猜出接下来4天他可能会给猴子的水果重量吗？

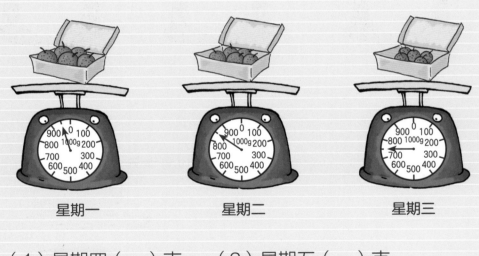

| 星期一 | 星期二 | 星期三 |

（1）星期四（　　）克　　（2）星期五（　　）克
（3）星期六（　　）克　　（4）星期日（　　）克

❹ 农夫昨天给猴子们2个苹果，今天给猴子们3个橙子。猴子原本以为水果变多了，但是用秤一称，发现其实吃亏了，因为：

（1）2个苹果共（　　）克，3个橙子才（　　）克。

（2）平均1个苹果（　　）克，平均1个橙子（　　）克，（　　）
个橙子才和1个苹果一样重。

❺ （1）下图的秤面显示有多重?（　　）克

（2）如果4根香蕉共240克，那么平均1根香蕉是（　　）克。

（3）由前两题可以得知，装香蕉的盒子是（　　）克。

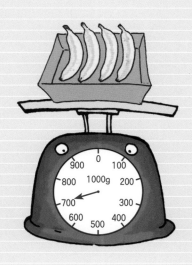

4

白雪公主不回家

　　很久很久以前，有一位美丽的公主，她的皮肤像雪一样白，所以人们都叫她"白雪公主"。在她出生后不久，她的母亲便去世了，国王又娶了一位新的王后。

　　大家都很疼爱白雪公主，不知不觉公主就被宠坏了，她非常顽皮，成天和小动物们玩在一起。王后是一位严格的后母，她希望白雪公主能成为独立、有上进心的孩子，所以在与国王商量之后，她有了一个计划。

　　每天，猎人都会骑马载着公主到森林另一边的学校去上课，但是有一天才走进森林没多久，猎人却佯装肚子痛，要去上厕所。白雪公主等呀等呀，等了一个早上，猎人都没有再回来。吃午餐的时间到了，白雪公主

的肚子咕噜咕噜地叫了起来，但是她根本找不到回去的路。

"怎么办呢？我到底在哪里？"就在白雪公主焦急万分的时候，她看到前面有一间可爱的小木屋，从里面还飘出一阵阵食物的香味。白雪公主决定去瞧一瞧。

推开小小的房门，白雪公主看到了7张桌子、7把椅子、7个盘子、7张小床、7条棉被、7双鞋……不管什么用具都有7份。不仅如此，餐桌上还有一些食物：月饼、荔枝和樱桃，烤箱里还有一张刚烤好的比萨。

虽然白雪公主知道随便拿别人的东西很不应该，不过她实在是太饿了，于是她动手拿起桌上的食物，大口大口地吃了起来。"这里的主人应该不会介意我吃了$\frac{1}{4}$的比萨吧！"但是，海鲜比萨实在是太好吃了，白雪公主又忍不住多吃了$\frac{3}{4}$张。至于点心，白雪公主原本只想吃掉1块月饼中的$\frac{1}{6}$块，但她还是吃了月饼的$\frac{4}{6}$块。然后，她告诉自己再吃一些水果应该也无妨，因此有点口渴的她，吃掉了$\frac{1}{3}$串荔枝和$\frac{1}{2}$盒樱桃。

这时门外传来了7个小矮人的歌声，是小矮人们回来吃午餐了。当小矮人们推开门，看见桌上的食物被吃得只剩下一点点时，他们还以为自己走错了房子。

最后，善良的小矮人答应让白雪公主住在这里，不过附带的条件是白雪公主必须帮小矮人料理三餐。一转眼，3个月过去了。

其实，这些都是王后用心良苦的计策，王后一直派猎人每天暗中保护公主。然而万圣节快到了，王后更加想念白雪公主，因为每年的这个时候，顽皮的公主总是会和一些动物朋友一起来向国王和王后要糖果吃。忍不住思念的王后决定去探望公主，但是为了不让公主认出她来，王后打扮成一位非常丑的巫婆，还带了一大篮子公主最喜欢吃的红苹果。

"咚！咚！咚！""有人在吗？"王后问。白雪公主打开门问："请问你找谁呀？"

"美丽的小姐，百货公司周年庆典，超甜苹果大赠送，你要不要来一个呀？"

公主好久没有吃到苹果了，她高兴地接过红彤彤的苹果，不假思索地咬了一口，哦不，是好大一口！然而，她被苹果噎住昏了过去。

王后吓得哭了起来，并赶紧请路过的王子帮忙急救，这才有惊无险地把白雪公主救了回来。这时小矮人们也回来了，一切终于真相大白。

"我的小公主，妈妈很高兴，这段日子里你不仅学会了照顾自己，而且学会了照顾别人。你已经好久没上学了，我们回家吧！"

谁知道白雪公主竟然回答："我觉得不上学的日子也挺不错的，我想再多住一阵子。"这次，王后又得为白雪公主不回家的事操心了！

❶ 如下图所示，这一张海鲜比萨，共被平均切成4份。白雪公主

吃了 $\frac{1}{4}$，请用红色涂出来。接着

白雪公主又吃了 $\frac{3}{4}$，请用蓝色涂

出来。

请问：还剩下多少比萨？

答：

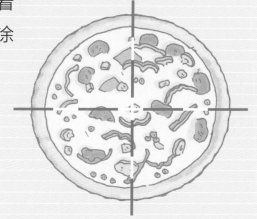

❷ 白雪公主原本打算吃掉 $\frac{1}{6}$ 块月饼，但是她最后吃了 $\frac{4}{6}$ 块月

饼，按提示涂色并回答问题。

用红色涂出 $\frac{1}{6}$

用蓝色涂出 $\frac{4}{6}$

请问：$\frac{4}{6}$ 块月饼比 $\frac{1}{6}$ 块月饼多了多少？

答：（　　　）块

❸ 屋子里本来有7张床，白雪公主来了之后又买了1张床。今天白雪公主大扫除，整理了全部床的 $\frac{1}{2}$ 。请问：白雪公主一共整理了几张床？

答：（　　　）张

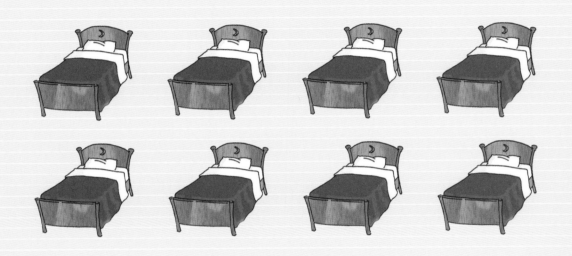

❹ 有30颗荔枝，白雪公主吃掉了 $\frac{1}{3}$ 。请问：她吃了几颗？

答：（　　　）颗

❺ 一盒樱桃有18颗，白雪公主吃掉了 $\frac{1}{2}$ 。请问：她吃了多少颗樱桃？

答：（　　　）颗

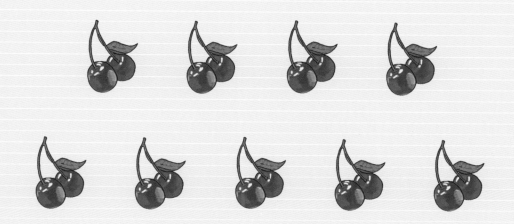

❻ 白雪公主自己做了一个苹果派，她自己吃了 $\frac{2}{8}$ 之后，又请王后、国王及猎人吃了 $\frac{3}{8}$ 。请问：还剩下多少苹果派？

答：（　　　）

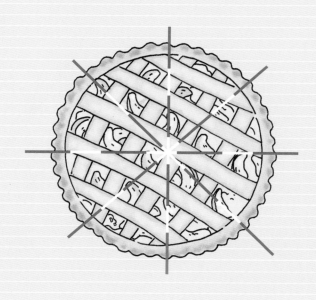

猫和老鼠做朋友

　　懒猫和鼠弟是室友，为了即将到来的冬天，他们俩合伙买了一大罐蜂蜜。但是最近镇上偷窃事件频发，所以他们正讨论着应该把这罐过冬用的蜂蜜藏在哪里。

　　鼠弟问懒猫："把它藏在下水道里如何？"

　　"恐怕会被水冲走。"懒猫回答。

　　"那么，把它藏在树上如何？"

　　"恐怕会被鸟儿吃光。"

"那么，把它藏在田里如何？"

"恐怕会被农夫发现。我看，我们把这罐蜂蜜藏在教堂里好了，应该没有人敢偷教堂里的东西，我认为教堂是最安全的地方。"懒猫对鼠弟说。

几天后，懒猫对鼠弟说："我表姐要生小宝宝了，要我去给孩子取名字，我必须出一趟远门。"说完，懒猫就出门了。但是懒猫的表姐并没有要生小宝宝，懒猫也没有去表姐那里。他带着杯子，偷偷地跑到教堂，把香浓的蜂蜜罐打开，舀起上面厚厚的一层蜂蜜，高兴地吃了起来，然后躺在屋顶上睡午觉。傍晚，懒猫回家了。鼠弟关心地问他："你替孩子取了什么名字呢？"懒猫回答："去了皮。"鼠弟心想："好奇怪的

名字啊！"

过了一个星期，懒猫又对鼠弟说："我姑姑要生小宝宝了，要我去给孩子取名字，我必须再出一趟远门。"说完，懒猫又出门了。当然，他还是没有去他姑姑那里。懒猫像上次一样，带着杯子偷偷地跑到教堂，又吃掉了更多的蜂蜜。懒猫回家后，鼠弟又关心地问起孩子的名字。懒猫回答说："真过瘾。"鼠弟心里还是觉得奇怪。

两个星期、三个星期以后……懒猫不断地说有亲戚生小宝宝，也不知给宝宝们取了多少个怪名字，直到一个多月以后的某一天。

懒猫又告诉鼠弟他要出远门了。"这回又是谁要生小宝宝了呢？"鼠弟问。因为懒猫几乎把所有可能生小宝宝的亲戚都说过了，所以他情急之下竟然回答："喔，这……这是最后一个了，是我的奶奶！"说完，他就带着杯子跑到教堂，把剩下的蜂蜜吃得一干二净。

回到家以后，鼠弟好奇地问懒猫他奶奶的孩子叫什么名字，懒猫回答鼠弟："吃光光。"鼠弟心想，连懒猫的奶奶都生孩子了，取这个名字也就见怪不怪了。

寒冬终于来了，鼠弟向懒猫提议去拿那罐藏了将近两个月的蜂蜜。当他们来到教堂以后，鼠弟发现罐子里的蜂蜜早就被谁偷吃光了。

鼠弟这时才恍然大悟，他生气地对懒猫说："可恶的懒猫，原来你每次说要去给刚出生的宝宝取名字，都是跑来这里偷吃蜂蜜呀！我们从此一刀两断，不再是朋友了。"说完，鼠弟头也不回地走了。至于懒猫，因为他的贪吃与不诚实，不但变成了一只超级大肥猫，还失去了一位好朋友。

1 回答下面的问题。

（1）写出懒猫每次偷吃蜂蜜的量。

第几次偷吃	吃掉几杯
1	2
2	4
3	8
4	16
5	
6	
7	

（2）通过上表你发现了什么？

（3）算算看，懒猫7天之内共吃了多少杯蜂蜜？

答：（　　　　）杯

2 回答下面的问题。

（1）如果懒猫吃掉蜂蜜的量如下表所示，请完成表中的空格。

第几次偷吃	吃掉几杯
1	1
2	
3	
4	
5	13
6	16
7	19

（2）通过上表你发现了什么？

（3）懒猫7天之内共吃了多少杯蜂蜜？

答：（　　　）杯

❸ 根据下图回答问题。

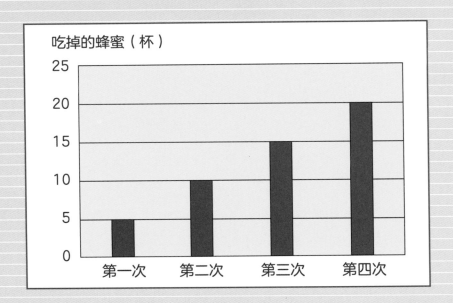

（1）懒猫第一次吃了多少杯蜂蜜？

答：（　　　）杯

（2）懒猫第四次吃了多少杯蜂蜜？

答：（　　　）杯

（3）懒猫4次共吃了多少杯蜂蜜？

答：（　　　）杯

4 根据下图回答问题。

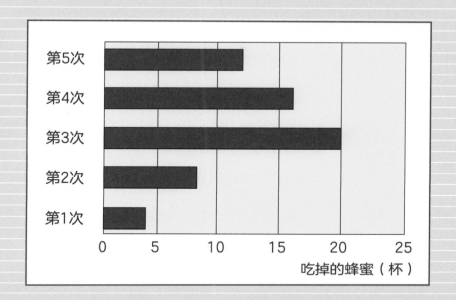

（1）懒猫哪一次吃的蜂蜜数量最少？

答：第（　　）次

（2）懒猫哪一次吃的蜂蜜数量最多？

答：第（　　）次

（3）吃掉的蜂蜜比10杯多的是哪几次呢？

答：第（　　）次

米其尔的传说

从前，在德国，有一位很有钱的木材商人，他雇用了很多伐木工人。有一天，一个比一般人高出一头有余的大个子来见这个商人，请求商人给他一份差事。

商人看他高而有力的样子，便答应让他当伐木工人。这个大块头伐木工人就是米其尔。

　　米其尔不但个子高，就连砍树的速度也比别人快3倍，还可以一次扛起6个人才能扛得动的木头，真是力大无穷。当了半年的工人以后，米其尔对主人说："亲爱的主人，我为您砍了这么久的木材，工作又如此卖力，您能不能让我坐一坐木筏，看看木材是卖到什么

地方去的呢？”主人看在米其尔工作卖力的份上，答应了他的要求。

米其尔用最粗壮、最好的枞木为自己做了一只特大号的木筏，用掉的木头是一般木筏的4倍。人们都觉得这样的木筏一定很危险、很难操纵，但结果却相反。米其尔的木筏像溜冰似的，岸边的人还来不及看清楚那是什么，木筏就飞快地往下游冲去了。米其尔灵巧地操纵着竹竿，驾着木筏，不久就来到了莱茵河边的凯伦市，用掉的时间只有别人的一半。

到了凯伦市，一大群伐木工人像往常一样正要替主人把木材卖给凯伦市的人。可是米其尔告诉大家：“你们以为凯伦市的人买木材是要留着自己用吗？其实他们是把木材以更高的价钱卖给荷兰人。我们为什么不自己把木材卖给荷兰人，好好地赚一笔呢？”

大家听了都觉得有道理，而且他们很早就听说了荷兰的美丽风光，于是都欢呼着赞成米其尔的提议。只有一个老实人，劝大家不要欺骗主人，因为拿主人的钱去冒险是不对的，可是没有人理睬他。

米其尔带着这群伐木工人来到荷兰的鹿特丹市，用比平常高4倍的价钱把木材卖掉了。米其尔将 $\frac{1}{4}$ 的钱留给主人，多出来的 $\frac{3}{4}$ 的钱就分给一同参与的同伴们。不但如此，他们还卖掉了那个老实人。

这些伐木工人拿到这一大笔钱后，才发现原来赚钱这么容易，便开始大吃大喝，酗酒赌博。好长一段时间，木材主人们都不知道这回事。等这件事被发现之后，米其尔早就不知去向了。

听说米其尔这些日子一直躲在森林里。每当狂风暴雨的晚上，他就会出来砍最好的枞树。如果有想赚大钱的人，就可以来投靠他。他就会把上好的枞木送给投靠他的人，让他一夜致富。但是有一个条件，就是必须拿自己的灵魂来交换。

"你想一夜致富吗？"米其尔总是这么问。

❶ 米其尔砍树的速度是一般工人的3倍。如果米其尔砍一棵树需要18分钟，那么一般工人砍一棵树需要几分钟？

答：

❷ 米其尔砍树的速度是一般工人的3倍。如果一个工人砍树需要57分钟，那么米其尔砍一棵树需几分钟？

答：

3 米其尔一次可以扛6个人才能扛得动的木材。如果一般人一次大约可以扛80千克的木材，那么米其尔一次约可以扛起多少千克的木材？

答：

4 米其尔一次可以扛6个人才能扛得动的木材。如果米其尔一次可以扛450千克的木材，那么一般人一次大约可以扛多少千克的木材？

答：

❺ 米其尔的木筏用掉的木头是一般木筏的4倍。如果做一只普通的木筏需用掉512根木材，那么米其尔的木筏共用掉了多少根木头？

答：

❻ 米其尔在荷兰的鹿特丹市卖木头的价钱，是在凯伦市卖的4倍。如果有一根木材在凯伦市可以卖212元，那么这根木材在鹿特丹市能卖多少钱？

答：

7 接上题，如果米其尔在荷兰的鹿特丹市卖了一根96元的小木头，那么这根小木头在凯伦市能卖多少钱？

答：

8 米其尔将在荷兰的鹿特丹市卖木材钱的 $\frac{1}{4}$ 给主人，其余 $\frac{3}{4}$ 的钱分给了自己和同伴。那么，如果米其尔拿710元给主人，那么他留了多少给自己和同伴？

答：

闯关寻宝

Go Go Go

丹尼要去寻宝，但是困难重重，你能用学到的本领，帮助他闯关成功吗？

第一关

钟面所指的时间可能是：

- ⚪ 9:57
- ⚪ 10:55
- ⚪ 12:00
- ⚪ 9:30

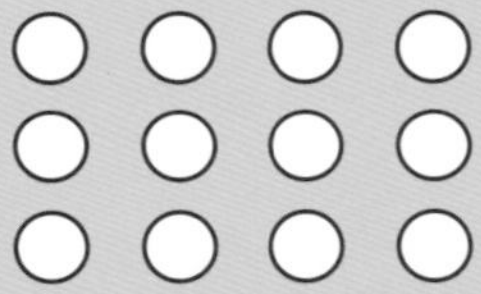

第七关

A、B、C中多于30的是：（ ）

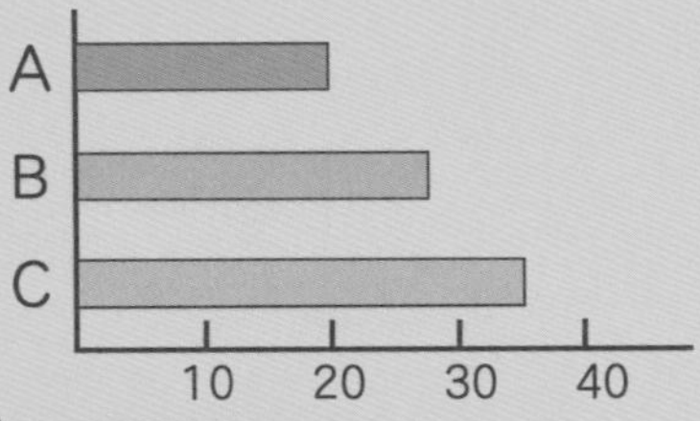

第六关

请将图中的 $\frac{4}{6}$ 涂色。

第八关

2个苹果有多重？

- ⚪ 700g
- ⚪ 350g
- ⚪ 800g
- ⚪ 400g

第九关

在三角形和长方形之内，但在正方形之外的是哪个？

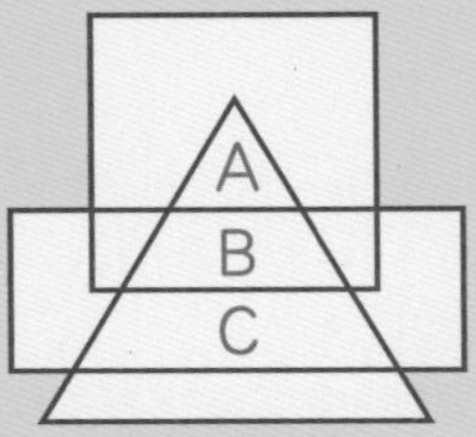

- ⚪ A
- ⚪ B
- ⚪ C

第十关

将A、B、C由少到多排列：

（ ）→（ ）→（ ）

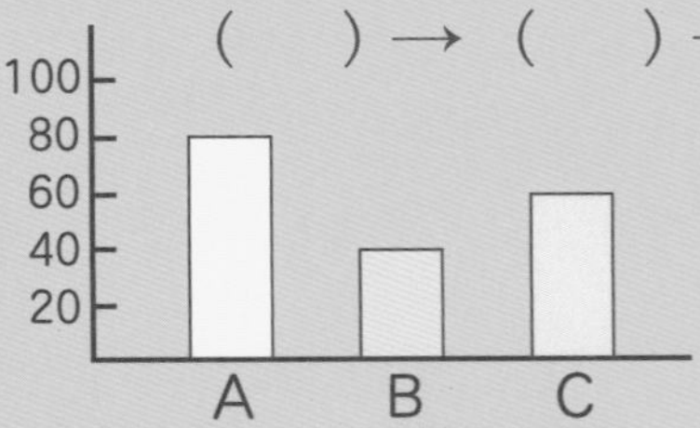

第二关

骷髅头的重量是：

○ 1千克

○ 1000毫克

○ 10克

○ 1000厘米

第三关

蓝色的部分占全部的：

$$\frac{(\quad)}{(\quad)} = \frac{(\quad)}{(\quad)}$$

第五关

180 ÷ 9 ×8 ÷5 ×7 ÷2 ×4 = ( )

第四关

共有几个三角形？

( )个

第十一关

如右图，

45分钟之前：

→ (:)

45分钟之后：

→ (:)

恭喜你和丹尼一同成为这个闯关单元的大富翁！

高手过招，进阶挑战

1 三只小猪智斗大野狼

1 这个时钟的长针不见了，你能猜出它表示的时间吗？

○ 4:03
○ 12:25
○ 1:25
○ 5:03

2 爸爸早上8:30从家里出发去看望奶奶，他在奶奶家待了3小时10分钟才开车回家。若从家里到奶奶家开车各需1小时40分钟，那么爸爸回到家的时间应该是上午或下午的几时几分？

答：（   ）

3 回答问题。

（1）右图时间的3小时20分钟前是：

（   ）时（   ）分

（2）右图时间的1小时50分钟前是：

（   ）时（   ）分

❹ （1）右图的月历共有多少天？

（　　）天

（2）可能是哪几个月？

（　　　　　）

（3）哪几日是星期日？

（　　　　　）

日	一	二	三	四	五	六
					1	2
3	4	5	6	7	8	9
10	11	12	13	14	15	16
17	18	19	20	21	22	23
24/31	25	26	27	28	29	30

❺ 哥哥的学校早上 8：30 开始上第一节课，每节课上40分钟。若哥哥上午共有4节课，且每节课之间休息10分钟，那么哥哥的午餐时间（即第四节课结束后）是何时开始的？

答：（　　　　　）

❻ 以下是哥哥今天活动的时间表，请填入A.M.或P.M.。

注：A.M.是指午夜（半夜12:00）到中午12:00
　　P.M. 是指中午12:00到午夜（半夜12:00）

（1）吃早餐	7:45 （　　　）
（2）体育课	10:50 （　　　）
（3）吃完午餐	12:30 （　　　）
（4）放学	4:35 （　　　）
（5）吃晚餐	7:10 （　　　）
（6）睡觉	12:10 （　　　）

2 三块神奇的桌布

① 根据右图所示，在下面的括
号内填入代号。

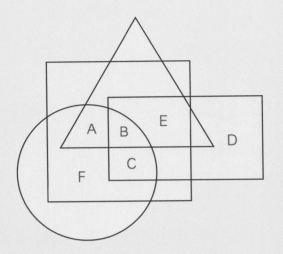

   （1）在正方形和长方形之
       内，但在圆形之外。

       （   ）

   （2）在圆形和三角形之内，
       但在长方形之外。

       （   ）

   （3）在长方形、正方形和圆形之内，但在三角形之外。
       （   ）

   （4）在长方形之内，但在正方形之外。（   ）

   （5）在所有图形之内。（   ）

② 在下列各选项中圈出可以排出三角形的组合：

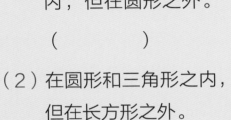

A   B   C   D

❸ 回答问题。

（1）右图中的5个点，共可
以组成几个三角形？

（ ）个

（2）右图中的5个点，共可
以组成几个四边形？

（ ）个

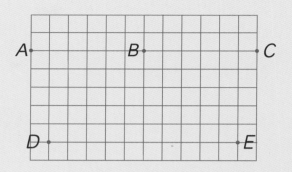

❹ 仔细看看下面这列火车，回答下面的问题。

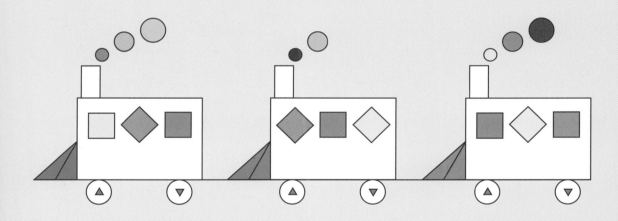

（1）共有几个三角形？（ ）个

（2）共有几个正方形？（ ）个

（3）共有几个长方形？（ ）个

（4）共有几个四边形？（ ）个

（5）共有几个圆形？（ ）个

3 朝三暮四的傻猴子

① 2个汉堡的重量如图一
所示。请问：4个半汉
堡有多重呢？请在图二
的磅秤中画出来。

答：（　　　）克

② 接上题，如果4个半汉堡和3支
冰激凌的重量是相同的，那么
1支冰激凌是多重？

答：（　　　）克

③ 根据下方的图示，在右表
中最重的选项下填入A，
其次填入B，最轻的填
入C。

④ 假设每颗樱桃都一样重，请问：
这两张图中的盒子有多重？
答：（　　　）克

⑤ 请根据图一和图二，推算出图三的电子秤上应该显示出的重量
是（　　　）克。

⑥ 若右图的称重按照
一定的规律递增，
请推算出A、B、C的
重量。

A =（　）g

B =（　）g

C =（　）g

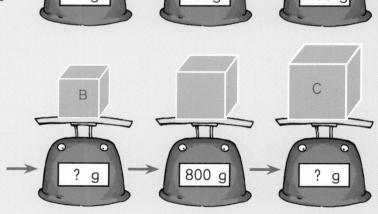

4 白雪公主不回家

❶ 涂色题：

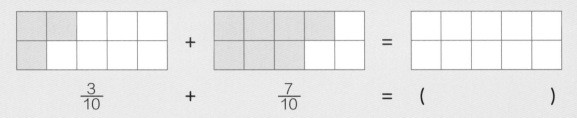

$\frac{3}{10}$ + $\frac{7}{10}$ = （　　　　　　）

❷ 以此规则类推，请将第九个图画出来，并写出涂色的部分占全部的几分之几。（　　　）

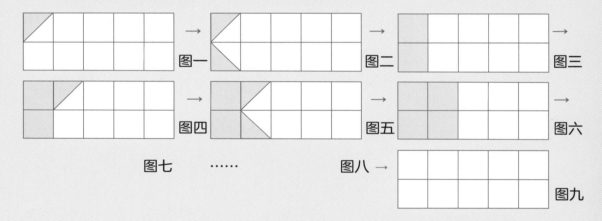

图一 → 图二 → 图三 →

图四 → 图五 → 图六 →

图七 …… 图八 → 图九

❸ 请填入第一层的积木个数各占全部积木的几分之几？

（1）　　　　　　　　　　　　（2）

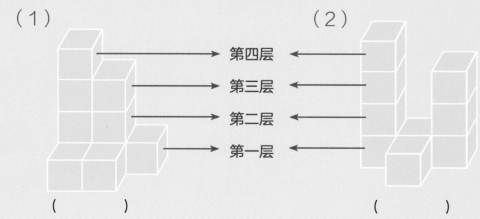

第四层

第三层

第二层

第一层

（　　　）　　　　　　　　（　　　）

4 请将下列分数由小到大排列。

$$\frac{1}{10} \quad , \quad \frac{1}{3} \quad , \quad \frac{1}{7} \quad , \quad \frac{1}{9} \quad , \quad \frac{1}{4} \quad :$$

（　　）→（　　）→（　　）→（　　）→（　　）

5 请圈出42的 $\frac{1}{7}$ 是多少？

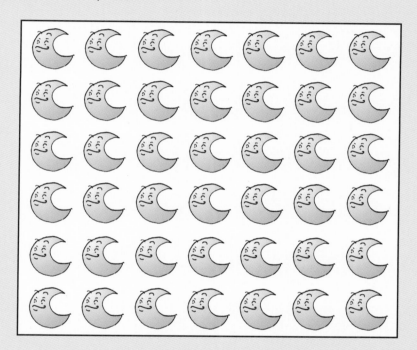

6 请问：阴影部分各占全部的多少？

（2）

（1）

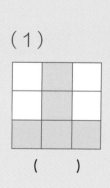
（　　）

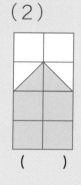
（　　）

（3）

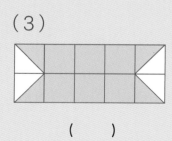
（　　）

5 猫和老鼠做朋友

① 下列哪一项叙述正确？（　　　）

（1）小树共得3票

（2）小云比小树少6票

（3）全部共投了42票

（4）小云和小花差5票

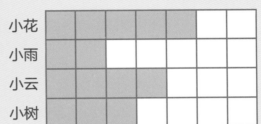

② 根据右表，请问：这4个小朋友共有多少钱？（　　　）

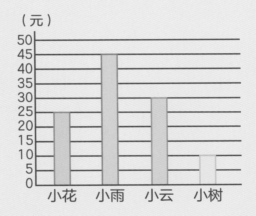

③ 根据右表，回答问题。

（1）哪一组女生是男生的2倍？（　　　）

（2）哪一组男、女生一样多？（　　　）

（3）哪一组人数最多？（　　　）

（4）哪一组男生比女生多？（　　　）

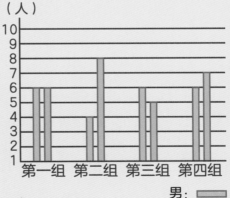

④ 下表是4位小朋友玩投圈圈游戏的记录表。如果：

○：投进圈内加3分　　△：投在线上，加2分

✕：投在圈外，扣1分

以下的叙述正确的是哪一项？（　　）

（1）小树投进的球最多

（2）小雨和小云同分

（3）每个人都投了8次

（4）小花的得分最高

小花	○	○	✕	△	✕	○	○
小雨	✕	△	○	○	✕	○	✕
小云	○	○	○	✕	○	✕	✕
小树	△	✕	✕	✕	○	○	○

⑤ 根据右表，回答问题。

（1）90分及以上的有
（　　）人。

（2）不到80分的有
（　　）人。

（3）全班一共有
（　　）人参加这
项考试。

分　数	人　数
100分	下
90~99分	正 下
80~89分	正 正 下
70~79分	正 一
60~69分	丁

⑥ 右表是某小学一到四年级男、女生人数统计表。请问：哪一年级的男生比女生少6人？（　　）

	一年级	二年级	三年级	四年级
男生	215	214	197	217
女生	194	220	209	211

6 米其尔的传说

1 请勾选出数轴所代表的算式。

（1） 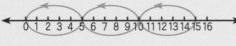 （2）

□15÷5=3	□12−3=9
□5×3=10	□6+6=12
□7+8=15	□3×4=12
□5+5+5=15	□12÷3=4

2 （1）

$$\begin{array}{cccccccc} & A & B & C & & & & \\ 11 & 12 & 13 & 14 & 15 & 16 & 17 \end{array}$$

请问：A、B、C三点中，哪一点最能代表52÷4的得数呢？

（2）

$$\begin{array}{cccccccc} & D & E & & & & F \\ 7 & 8 & 9 & 10 & 11 & 12 & 13 \end{array}$$

请问：D、E、F三点中，哪一点最能代表60÷7的得数呢？

3 右表是4个小朋友买的缎带捆数。若1捆缎带是315厘米，那么4人的缎带共多少厘米？

姓名	小花	小云	小雨	小树
买的缎带（捆）	下	丁	下	一

答：（ ）厘米，又等于（ ）米（ ）厘米

4 完成数列。

（1）123—118—59—54—27—（ ）—（ ）—（ ）—（ ）

（2）7—14—17—34—37—（ ）—（ ）—（ ）—（ ）

5 （1）13—39—29—87—77—231—221

由这个数列，你发现了什么？

_____

（2）8—32—16—64—32—128—64

由这个数列，你发现了什么？

_____

6 表一是4个小朋友拥有的花片统计表。若每个◇代表1包花片，且每包有50片花片，请根据表一，完成表二统计表。

小花	◇◇◇◇◇ ◇◇◇◇
小雨	◇◇◇◇◇ ◇◇◁
小云	◇◇◇◇◇ ◁
小树	◇◇◇◇◇ ◇◇◇◇◇◇

表一

姓名	小花	小雨	小云	小树
花片个数（片）				

表二

参考解答

1.三只小猪智斗大野狼
（第18～21页）

❶

星期日	星期一	星期二	星期三	星期四	星期五	星期六
			1	2	3	4	5
6	7	8	9	10	11	12
13	14	15	16	17	18	19
20	21	22	23	24	25	26
27	28	29	30	31		

（1）4，5，20
（2）二，四　　　　（3）25，五

❷（1）57分钟

❸（1）3时10分
（2）3时25分
（3）3时48分
（4）4时8分

❹（1）2：35　　　（2）3：50
（3）1小时15分钟（或75分钟）

2.三块神奇的桌布
（第29～31页）

❶
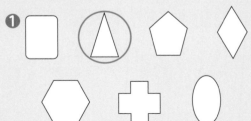

2.（图形题）

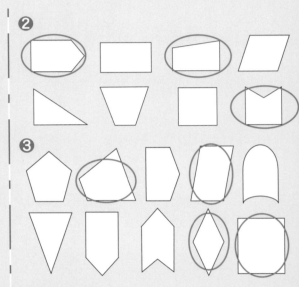

❹ 60厘米

❺ B A C

3.朝三暮四的傻猴子
（第37～39页）

❶（1）0　　（2）600　　（3）1000

❷（1）800，200，600
（2）7，1400　　（3）7，1400
（4）一样

❸（1）650　（2）550　（3）450　（4

❹（1）600，450　（2）300，150，2

❺（1）700　（2）60　（3）460

4.白雪公主不回家
（第45～47页）

❶ 0张

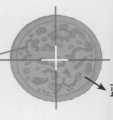

红色

蓝

② $\frac{3}{6}$

③ 4

④ 10

⑤ 9

⑥ $\frac{3}{8}$

5. 猫和老鼠做朋友
（第52～55页）

❶（1）

第几次偷吃	吃掉几杯
1	2
2	4
3	8
4	16
5	（32）
6	（64）
7	（128）

（2）懒猫每一次偷吃蜂蜜的量都是前一次的2倍。

（3）254

❷（1）

第几次偷吃	吃掉几杯
1	1
2	（4）
3	（7）
4	（10）
5	13
6	16
7	19

（2）懒猫每一次偷吃蜂蜜的量都比前一次多3杯。

（3）70

❸（1）5　（2）20　（3）50

❹（1）1　（2）3
（3）3、4、5

6. 米其尔的传说
（第60～63页）

❶ 54分钟

❷ 19分钟

❸ 480千克

❹ 75千克

❺ 2048根

❻ 848元

❼ 24元

❽ 2130元

★ 闯关寻宝Go Go Go
（第64～65页）

第一关：9：30

第二关：1千克

第三关：$\frac{2}{8} = \frac{1}{4}$

第四关：13

第五关：448

第六关：○○○○○
　　　　○○○○○
　　　　○○○○○

第七关：C
第八关：700g
第九关：C
第十关：B→C→A
第十一关：（11∶50），（1∶20）

★ 高手过招，进阶挑战

1.三只小猪智斗大野狼
（第66～67页）

❶ 5∶03

❷ 下午3时

❸ （1）3时4分　　（2）6时55分

❹ （1）31
　（2）1月、3月、5月、7月、8月
　　　10月、12月
　（3）3、10、17、24、31

❺ 11时40分

❻ （1）A.M.　（2）A.M.　（3）P.M.
　（4）P.M.　（5）P.M.　（6）A.M.

2.三块神奇的桌布
（第68～69页）

❶ （1）E　（2）A　（3）C
　（4）D　（5）B

❷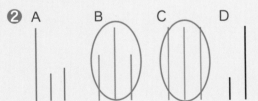

❸ （1）7　（2）3

❹ （1）15　（2）9　（3）6
　（4）15　（5）14

3.朝三暮四的傻猴子
（第70～71页）

❶ 450

❷ 150

❸

C	A	B

❹ 30

❺ 1250

❻ A：200，B：600，C：1000

4.白雪公主不回家
（第72～73页）

❶ 1

❷ $\frac{6}{10}$

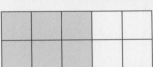

❸ （1）$\frac{5}{10}$　　　　（2）$\frac{4}{9}$

❹ $\frac{1}{10}$ → $\frac{1}{9}$ → $\frac{1}{7}$ → $\frac{1}{4}$ → $\frac{1}{3}$

❺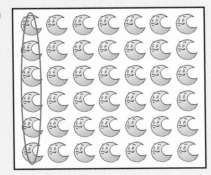

❻ （1）$\frac{5}{9}$　（2）$\frac{5}{8}$　（3）$\frac{8}{10}$

5.猫和老鼠做朋友
（第74～75页）

❶（3）

❷ 110

❸（1）第二组　（2）第一组
（3）第四组　（4）第三组

❹（4）

❺（1）12　（2）8　（3）33

❻ 二年级

6.米其尔的传说
（第76～77页）

❶（1）15÷5=3　（2）3×4=12

❷（1）B　（2）E

❸ 2835，28米35厘米

❹（1）22—11—6—3
（2）74—77—154—157

❺（1）13—39—29—87—77—231—221
　　　　×3　-10　×3　-10　×3　　-10
　　　　（先乘3，再减10）

（2）8—32—16—64—32—128—64
　　　×4　÷2　×4　÷2　×4　÷2
　　　（先乘4，再除2）

❻

姓名	小花	小雨	小云	小树
花片个数（片）	450	375	275	500

版权贸易合同登记号　图字：01-2018-7635

图书在版编目（CIP）数据

数学可以这样学. Ⅲ，数学抱抱/沙永玲主编；郭嘉琪著；T-Bone绘. —北京：电子工业出版社，2019.11

ISBN 978-7-121-37378-7

Ⅰ.①数… Ⅱ.①沙… ②郭… ③T… Ⅲ.①数学—少儿读物 Ⅳ.①O1-49

中国版本图书馆CIP数据核字（2019）第199749号

责任编辑：刘香玉
特约编辑：刘红涛
印　　刷：北京尚唐印刷包装有限公司
装　　订：北京尚唐印刷包装有限公司
出版发行：电子工业出版社
　　　　　北京市海淀区万寿路173信箱　邮编：100036
开　　本：787×1092　1/16　印张：27.5　字数：523.2千字
版　　次：2019年11月第1版
印　　次：2019年11月第1次印刷
定　　价：149.00元（全5册）

凡所购买电子工业出版社图书有缺损问题，请向购买书店调换。若书店售缺，请与本社发行部联系，联系及邮购电话：（010）88254888，88258888。

质量投诉请发邮件至zlts@phei.com.cn，盗版侵权举报请发邮件至dbqq@phei.com.cn。

本书咨询联系方式：（010）88254161转1826，lxy@phei.com.cn。